ESSAI

SUR

LA RÉACTION DE LA SUEUR

IMP. Ve CHANOINE, PLACE DE LA CHARITÉ, 10, LYON

ESSAI

SUR LA

RÉACTION DE LA SUEUR

PAR LE DOCTEUR

J. TOURTON

PARIS

V.-ADRIEN DELAHAYE ET Cie, LIBRAIRES ÉDITEURS

PLACE DE L'ÉCOLE DE MÉDECINE

1879

PRÉFACE

De nombreuses recherches ont été déjà faites au sujet de la secrétion et de la réaction de la sueur. Néanmoins, vu les résultats contradictoires auxquels sont arrivés certains expérimentateurs, nous avons cru devoir nous livrer à de nouvelles expériences.

Le but que nous nous sommes proposé en faisant, ces temps derniers, les recherches que nous allons exposer est de déterminer : 1° Quelle est la réaction normale de la sueur, réaction aujourd'hui contestée; 2° Quelles modifications cette réaction de la sueur normale peut subir dans certaines circonstances physiologiques et pathologiques; 3° Quelle interprétation on peut donner des faits observés, et quelle utilité pratique on peut en retirer.

Tout en conservant à notre travail toute sa

modestie, nous serons trop heureux s'il peut, lui aussi, servir à l'avancement de la science.

Dans un premier chapitre, nous ferons connaître d'abord quelles sont les recherches qui ont déjà été faites, la manière dont on a opéré et les résultats qui ont été obtenus. Nous exposerons ensuite le procédé que nous avons employé pour arriver à notre but. Enfin nous indiquerons les résultats auxquels nous sommes arrivé et l'opinion que l'on doit avoir de la réaction de la sueur.

Le deuxième chapitre sera consacré à l'exposé des variations de la réaction sudorale dans différentes conditions physiologiques. Nous montrerons quelles sont les causes qui, étant donnée l'acidité de la sueur, peuvent modifier en plus ou en moins cette réaction acide, et même la faire devenir alcaline. Nous ferons précéder l'étude de ces modifications par quelques considérations physiologiques se rapportant à la sécrétion de la sueur. Ce sera une sorte de résumé des connaissances que l'on possède aujourd'hui à ce sujet. Nous terminerons par une comparaison entre la réaction du liquide sécrété par les glandes sudoripares et celui de la sécrétion urinaire, tachant de faire ressortir les analogies qui existent entre ces deux sécrétions qui se complètent l'une par l'autre.

Dans un troisième chapitre nous examinerons ce que devient la réaction de la sueur dans différents cas morbides, et nous verrons si elle est modifiée ou non à l'état pathologique.

Dans nos conclusions nous donnerons un résumé des résultats que nous aurons obtenus dans nos expériences, mettant surtout en relief les points importants et déterminant les conséquences pratiques qui en découlent.

Avant de terminer cet exposé de notre travail, nous adresserons tous nos remercîments à notre excellent maître, M. le professeur Soulier, dont les conseils nous ont toujours guidé, et à qui nous sommes heureux de pouvoir témoigner ici toute notre reconnaissance.

Nos remercîments sincères à notre ami M. le docteur Garel, ancien interne des hôpitaux de Lyon, chef de clinique médicale suppléant, qui a bien voulu nous aider dans nos recherches.

Nous n'aurons garde d'oublier notre ami M. Hugonnard, ainsi que tous les camarades dévoués qui nous ont offert leur concours et se sont prêtés à nos expériences.

ESSAI

SUR

LA RÉACTION DE LA SUEUR

CHAPITRE PREMIER

De la réaction normale de la Sueur

§ I HISTORIQUE. — DÉTERMINATION DE LA RÉACTION DE LA SUEUR, D'APRÈS LES DIFFÉRENTS AUTEURS, ET LEURS PROCÉDÉS.

Nous allons, avant d'exposer les résultats de nos recherches, passer rapidement en revue ceux que les auteurs ont obtenus dans leurs expériences.

Les premières recherches sur la sueur et sa réaction furent faites par Thénard, cité par Berzélius (1) et par ce dernier auteur. Tous deux reconnurent dans la sueur la présence de sels et de matières diverses : chlorures de sodium et de potassium, sulfates, phosphates, etc.; ils prétendirent que de l'acide acétique se trouvait à l'état libre dans la sueur, dont, disent-ils, la réaction est acide. Berzélius prétend également avoir trouvé de l'acide butyrique dans la sueur des organes génitaux chez les personnes grasses.

(1) Berzélius. — *Chimie*; traduct. fr.; t. VII, p. 324. Paris 1833.

Après eux, Anselmino (1) conclut à la présence dans la sueur de l'acide carbonique, de l'acide acétique, de chlorures, d'acétates, etc. Il dit même y avoir trouvé de l'ammoniaque; mais il est probable que ce produit venait de ce qu'il s'était servi d'une sueur déjà altérée à l'air et contenant du carbonate d'ammoniaque qui se forme, on le sait, par la décomposition de l'urée contenue dans la sueur. Lui aussi nota la réaction acide de la sueur à l'état frais.

Vinrent ensuite un certain nombre d'autres expérimentateurs : MM. Schottin, Funke et Meissner, puis M. Andral qui, ainsi que nous le verrons plus loin, s'est livré à un certain nombre de recherches intéressantes. Mais le travail le plus complet est sans contredit celui que l'on doit à M. Favre (2).

Cet auteur fit sur la sueur des expériences nombreuses, et en donna une analyse très-complète. Nous rappellerons ici les principales substances très-importantes qu'il y a trouvées, d'autant mieux que leur connaissance nous facilitera l'interprétation de certains phénomènes que nous avons observés. D'après Favre, il existe dans la sueur : de l'eau en grande quantité, du chlorure de sodium, du chlorure de potassium, des sels divers (sulfates et phosphates alcalins et terreux), de l'urée, des matières grasses, de l'acide lactique et un acide particulier azoté auquel il a donné

(1) Anselmino. — *Recherches sur la nature chimique de la sueur.* (*Journal des Progrès*, t. II, p. 121, 1827.)

(2) P. Favre. — Comptes-rendus de l'Académie des sciences de Paris, novembre 1852 et Archives générales de Médecine 1853, 5me série, t. II, p. 1 et suiv.

le nom d'acide sudorique. Ces deux acides sont unis à des bases sous forme d'acétates et de sudorates alcalins. Il a déterminé nettement la réaction acide de la sueur fraîche. En faisant évaporer une partie du liquide, il vit le reste devenir alcalin; il conclut à l'existence dans la sueur d'un acide particulier, volatil comme les acides gras.

M. Ch. Robin, dans ses *Leçons sur les humeurs* (1), prétend que cet acide volatil est de l'acide valérique.

D'après M. Redtenbacher et M. Lehmann, l'acidité de la sueur serait due à deux acides gras, volatils, qui seraient l'acide caproïque et l'acide caprilique. Ce dernier signale encore la présence d'un autre acide, auquel il donne le nom d'acide métacétonique ou acétobutyrique.

On aurait aussi signalé dans la sueur la présence de l'acide formique.

Tels sont les résultats qui ont été signalés par les principaux auteurs. Ils sont du reste rappelés en partie dans les ouvrages de physiologie actuels, entre autres, dans celle de Longet (2). Le liquide nécessaire aux expériences était recueilli soit au moyen d'éponges fines bien lavées avec de l'eau distillée et séchée ensuite à l'étuve, soit en enfermant le membre en expérience dans un manchon de verre où s'opérait la condensation de la transpiration, ou même en plaçant le corps entier dans une baignoire-étuve et recueillant le liquide qui s'y ramassait dans des séances successives de sudation. La réaction de la sueur était observée soit

(1) Ch. Robin. — *Leçons sur les humeurs*, 1867, p. 621.
(2) Longet. — *Physiologie*, t. II, 1869.

en plongeant dans le liquide recueilli du papier de tournesol, soit en appliquant ce papier directement sur la peau, sans précautions préalables. Cette manière d'opérer était mauvaise. Dans le premier cas, les acides volatils de la sueur avaient le temps de s'évaporer en partie ; dans le second, les expérimentateurs ne prenaient pas la précaution de nettoyer suffisamment la surface cutanée avant d'y appliquer le papier réactif. Dans les deux cas, la réaction pouvait donc être altérée, soit par dégagement des acides volatils, soit par des modifications, qui pouvaient survenir à la surface de la peau, dans la composition de la sueur sécrétée antérieurement.

Nous noterons encore ici certains acides que l'on a pu rencontrer accidentellement dans la sueur, ce sont les acides tartrique, benzoïque, cinnamique, et succinique, signalés par M. Lehmann et Schottin. M. Meissner y aurait même rencontré de l'acide hippurique, dérivé de l'acide benzoïque. MM. Wolff et Stark ont prétendu avoir trouvé de l'acide urique dans la sueur des rhumatisants, mais Favre n'a jamais pu arriver à déceler sa présence dans les sueurs des goutteux.

Quels que soient en définitive les acides que l'on trouve normalement dans les sueurs, et nous avons vu les auteurs en admettre un certain nombre, leur volatilité est un fait incontestable. En effet si, disent tous les expérimentateurs, on chauffe la sueur recueillie en quantité suffisante, on voit le liquide devenir neutre au bout de peu de temps et bientôt après alcalin.

M. le docteur Aubert, chirurgien-major désigné de l'hospice de l'Antiquaille, dans des considérations sur le rôle de la sueur et des glandes sudoripares (1), a insisté tout particulièrement sur l'acidité de la sueur fraîche et l'alcalinité de son résidu. Il dit que les acides qui donnent à la sueur sa réaction acide paraissent être l'acide carbonique et quelques acides gras.

Un autre point que signalent tous les auteurs, c'est que, dans les sueurs provoquées de façon à ce qu'elles soient très-abondantes, si l'on a recueilli la sueur sécrétée pendant la durée de la sudation, le premier tiers est acide, le second neutre, le troisième alcalin.

Enfin, M. Andral (2) a établi dans ses recherches que la sueur n'a pas partout la même réaction. Acide sur la plus grande partie de la surface cutanée, la sueur devient alcaline dans certains points (régions axillaire, inguino-scrotale, etc.); nous reviendrons sur cette question dans notre deuxième chapitre. L'alcalinité de ces régions serait due à l'abondance, dans ces endroits, de la matière sébacée qui, d'après lui, serait alcaline. M. Rabuteau (3), dans son *Traité de thérapeutique*, partage les mêmes opinions.

Ainsi donc, il est évident que jusqu'ici tous les auteurs admettent sans contestation que la sueur normale est sécrétée acide.

C'est l'année dernière seulement que deux expérimentateurs, deux Allemands, MM. Trumpy et Luchsinger sont venus ramener le débat sur cette question.

(1) Aubert. — *Considérations sur le rôle de la sueur et des glandes sudoripares* ; — *Lyon-Médical*, 1874, t. 1, p. 169.

(2) Andral. — *Comptes rendus de l'Académie des sciences*. Paris, 1848.

(3) Rabuteau. — *Eléments de thérapeutique et de pharmacologie*, 1875, p. 857.

Ils prétendent que l'acidité de la sueur n'est qu'une apparence, une illusion, et que la véritable réaction de la sueur est alcaline.

Nous nous sommes inquiétés de rechercher le procédé exact, au moyen duquel ces expérimentateurs sont parvenus à poser des conclusions aussi différentes de celles qui avaient été données jusqu'alors. Nous avons trouvé ce procédé exposé en détail dans un article des *Archives de physiologie* de Pfluger (1). Vu l'importance de la question, nous croyons devoir donner ici la traduction du mode d'expérimentation employé par eux. Cette traduction très-exacte nous a été faite par un professeur de langue allemande de notre ville. Nous la publions d'autant mieux que nous ne l'avons trouvée dans aucun de nos journaux et ouvrages français. Voici donc cette traduction mot à mot (2).

« *Expérimentation.* — Si l'on passe avec de petites bandes de papier bleu de tournesol sur la peau du front, nez, bras, poitrine, etc., on trouve constamment, quand bien même la sécrétion sudorale manque complétement, les petits papiers *graisseux* et fortement *rougis*. Pour éloigner autant que possible l'acide d'abord, la graisse ensuite, la peau fut lavée très-soigneusement à de fréquents intervalles successivement avec du savon, ensuite avec de l'acide acétique très-étendu, de l'éther, de l'alcool, de l'eau distillée. Mais ce ne fut que quand de nouvelles bandes bleues et rouges conservèrent leur couleur que nous considérâmes la purification comme satisfaisante et que nous procédâmes aussi vite que possible à la recherche proprement dite. Si l'on agit

(1) D. Trumpy et B. Luchsinger. — *Besitz normaler menschlicher Schveiss wirklich saure reaction? in Pfluger's Archiv.*, t. XVIII, p. 474; 1878.

(2) *Id.*, p. 496 et suiv.

autrement, c'est-à-dire si l'on s'attarde par exemple de 15 minutes seulement, il s'est souvent de nouveau rétabli une réaction acide sur la peau, d'où alors l'inutilité du lavage.

Comme moyen pour obtenir promptement une sécrétion abondante, nous employions le plus souvent des injections sous-cutanées de chlorhydrate de pilocarpine (1 centig.), quelques fois, avec un succès complétement identique, des bains chauds.

Déjà, au bout de la première minute après l'injection il se produit localement (bras, poitrine, etc.), une certaine sudation; après 3 minutes à peu près, apparaît la sécrétion salivaire; enfin quelques minutes plus tard il se produit une sueur profuse sur le visage, surtout vers le front et le nez. Au début elle est seulement en gouttelettes, mais elle se change bientôt en grosses gouttes qui se suivent promptement. Une sudation analogue ne tarde pas à s'établir sur tout le reste du corps, mais en moins grande quantité qu'au visage. La sueur se maintient sur le visage à peu près trois quarts d'heure, la sécrétion salivaire continue toujours pendant quelque temps encore.

Si nous examinons maintenant la peau du visage où la sueur est la plus abondante, si nous essuyons les gouttes alternativement avec du papier rouge et bleu de tournesol, nous les trouvons alors dans la presque totalité des cas, déjà dès le début de la sécrétion, d'une constitution évidemment alcaline; le plus souvent la coloration en bleu du papier rouge augmente encore considérablement en force pendant les premières minutes qui suivent.

Dans quelques cas rares, nous voyions la sécrétion réagir encore d'une manière acide au début, pendant 1 à 3 minutes environ, mais elle changeait ensuite promptement et devenait alcaline.

Dans un seul cas (c'était par une chaude après-midi d'été), malgré le lavage le plus soigné, la réaction resta opiniâtrement acide pendant 7 minutes, après quoi toutefois la rougeur du papier bleu disparut et une coloration en bleu du papier rouge se produisit. Une fois la réaction devenue alcaline, elle reste telle pendant toute la durée de la sudation; dans deux cas cependant nous avons, à notre grand étonnement, vers la fin de la transpiration, trouvé de nouveau la réaction acide. Ce fait était observé dans les cas où, au début, il y avait eu un court stade de réaction acide.

Dans quelques cas une moitié de la face fut seule soumise au lavage indiqué; ici nous avons pu reconnaître avec évidence l'influence de la matière sébacée de la peau sur la marche de la réaction : tandis que le côté soigneusement lavé peut déjà, dès le début de la sécrétion, montrer une réaction alcaline, les recherches sur le côté non lavé restent encore pendant longtemps acide (10 à 15 minutes), mais la réaction acide de la sécrétion diminue constamment en intensité avec la durée de la sueur, et finalement la réaction alcaline a le dessus. »

Enfin, MM. Trumpy et Luchsinger tirent de toutes leurs recherches à ce sujet la conclusion suivante (id. p. 500).

« Ainsi donc, notre hypothèse établie primitivement peut bien être considérée comme établie avec évidence : de même que la sueur du chat, *la sueur humaine normale a toujours une réaction alcaline. La réaction prétendue acide provient de la constitution acide ou d'une décomposition rance de la matière sebacée de la peau.* »

Comme on le voit, les deux expérimentateurs allemands se sont préoccupés beaucoup de l'action des glandes sébacées, et c'est à ces glandes seules qu'ils attribuent le fait de la réaction acide de la sueur.

Relativement au papier réactif dont ils se sont servis, on trouve dans une note (id. p. 496) : « Nous nous sommes servis le plus souvent des bandes rouges et bleues de papier de tournesol ordinaire ; mais plus tard, dans d'autres expériences, nous nous servions d'un papier neutre, dit papier anglais, que nous devions à l'obligeance de M. le professeur Michler. » Avant de parler de nos recherches personnelles ayant pour but de contrôler ces résultats venus d'Outre-Rhin et de voir si elle s'accordent avec les anciennes opinions des auteurs ou avec celles toutes récentes que nous venons d'exposer, nous croyons devoir parler du procédé dont nous nous sommes servi dans nos expériences.

---

§ II. — PROCÉDÉ ADOPTÉ PAR L'AUTEUR

La méthode qu'il nous a paru préférable d'employer est la suivante : Afin d'étudier la réaction de la sueur au moment même de sa sécrétion, c'est-à-dire lorsqu'elle ne peut être altérée dans sa constitution, nous nous sommes servi de papier de tournesol appliqué directement sur la peau, en prenant certaines précautions préalables, ayant pour but de nettoyer complétement la peau et de n'agir que sur une surface n'ayant pas par elle-même d'influence sur la réaction qui se produira par l'effet de la sécrétion sudorale.

Le papier de tournesol, dont nous nous sommes servi, se compose de bandes de papier Berzélius trempé dans une teinture de tournesol spéciale, très sensible, et préparée suivant les indications de Berthelot.

La teinture de tournesol ordinaire est, comme on le sait, par suite de son mode de fabrication, chargée d'une quantité relativement assez forte de matériaux alcalins; ce sont de la chaux et des produits ammoniacaux. Le procédé de Berthelot a pour but de modifier cette liqueur, de la rendre neutre et par suite très-sensible.

On traite la teinture de tournesol ordinaire par l'acide sulfurique jusqu'à réaction nettement acide. On porte alors à l'ébullition, on ramène au bleu par l'eau de baryte et l'on fait passer un courant d'acide carbonique. On ramène de nouveau à l'ébullition, on filtre et l'on ajoute quelques gouttes d'alcool. Cet alcool n'a d'autre but que d'empêcher la précipitation de la matière colorante sous l'influence de la lumière.

Nous avons trempé dans la liqueur ainsi préparée du papier Berzélius, qui est le seul papier chimiquement pur que l'on possède. Le papier ainsi obtenu est excessivement sensible; en le plongeant dans un liquide très-faiblement acide (eau 200 gram., ac. acétique 1 goutte), il donne une teinte rouge appréciable.

Comme papier servant à déceler les réactions alcalines, nous avons employé un papier très-faiblement rougi. Pour cela il nous a suffi de tremper notre papier bleu dans de l'eau distillée, acidifiée légèrement par l'acide acétique (eau 150 grammes, acide acétique une goutte). Avec une solution plus étendue, la teinte rouge, sensible au moment où le papier était plongé dans le liquide ainsi acidifié, finissait par devenir à peu près méconnaissable lorsque le papier était desséché. Rendu au contraire acide dans la proportion indiquée, le papier conservait une teinte rosée très-nette, mais qui disparaissait à son tour très-vite en présence d'un liquide très-faiblement alcalin.

Tels sont les réactifs très-sensibles dont nous nous sommes servi pour déceler la réaction de la sueur.

Pour observer cette réaction, voici la méthode que nous avons suivie.

Nous commencions, une fois la transpiration obtenue, par la laisser se secréter pendant un certain temps, afin de débarrasser complétement les glandes sudoripares du contenu qui s'y trouvait, puis alors nous lavions soigneusement à deux ou trois reprises avec du savon et beaucoup d'eau, autant que possible chaude, la partie de la peau sur laquelle nous voulions appliquer notre papier de tournesol.

La partie étant ensuite soigneusement séchée avec un linge n'ayant pas encore servi, nous appliquions alors notre papier. La transpiration légèrement arrêtée par le lavage revenait très-promptement, surtout en ayant soin de mettre la surface cutanée à l'abri de l'air sous un vêtement ou une couverture. Afin d'isoler complétement le papier réactif de tout contact du linge ou des habits, qui aurait pu altérer la réaction, nous le recouvrions d'un morceau de toile cirée préalablement lavé avec soin et qui, ce dont nous nous étions assuré auparavant, ne donnait aucune réaction en y appliquant dessus des morceaux de notre papier de tournesol, humecté légèrement avec de l'eau distillée. Le papier était laissé en place cinq minutes, puis il était enlevé; on observait alors la réaction. Lorsque l'application se faisait sur un point où la transpiration était relativement peu abondante, nous humections préalablement le papier avec un peu d'eau distillée.

Comme nous nous sommes proposé dans certains cas non-seulement d'étudier la nature de la réaction, mais aussi d'en apprécier l'intensité, nous nous sommes servi d'un procédé analogue à ceux employés aujourd'hui pour le dosage de l'alcalinité ou de l'acidité de certains liquides.

Autrement dit, nous avons essayé de neutraliser la réaction obtenue sur le papier, et, comptant ensuite la quantité de réactif employée, de déterminer la mesure relative des produits acides ou alcalins ayant agi sur le papier de tournesol.

Pour l'appréciation du plus ou moins d'alcalinité obtenue avec le papier appliqué sur la peau, nous n'avons pas cru, vu le petit nombre de cas et en général la faible alcalinité que nous constations, devoir user d'un procédé spécial ; nous nous sommes, dans ces cas, contenté d'observer et de noter la teinte bleue, plus ou moins forte, obtenue avec notre papier rouge.

Quant à l'appréciation du degré de l'acidité, nous avons dû, outre l'observation de la teinte rouge du papier qui était notée exactement, employer un moyen devant donner une appréciation plus exacte.

Nous nous sommes servis d'une solution de potasse pure (eau dist. 100, potasse 0,20). Chaque goutte de cette solution contenait 0,0001 de potasse. Cette solution était relativement encore assez forte. Pour nous en servir dans l'évaluation de l'acidité, nous l'introduisions goutte à goutte dans 10 centimètres cubes d'eau distillée mesurés auparavant et introduits dans un petit verre à expérience. Nous employions alors deux façons différentes d'opérer, qui nous donnaient sensiblement le même résultat, et qui, l'une contrôlant l'autre lorsqu'elles étaient employées ensemble, nous faisaient arriver à trouver aussi exactement que possible la teinte bleue à laquelle nous cherchions à arriver. Nous servant donc, dans l'application sur la peau, de deux bandes du même papier, nous découpions l'une avec des ciseaux en un certain nombre de petites bandelettes, et nous gardions l'autre intacte.

Alors à chaque goutte de notre solution de potasse que nous ajoutions dans les 10 centimètres cubes d'eau distillée, nous trempions, après avoir remué avec un agitateur, une de nos bandelettes de papier rougi, ou bien au moyen d'un agitateur effilé ou d'une tête d'épingle nous déposions une petite gouttelette sur notre morceau de papier de tournesol conservé intact.

Nous agissions ainsi jusqu'à ce que la bandelette trempée ou la goutelette déposée sur le papier rougi nous donnant une teinte bleue semblable à la teinte primitive, nous avions acquis la certitude d'avoir réussi à neutraliser l'acidité du papier. Une précaution à prendre c'est que si l'on trempe le papier dans la solution il ne faut pas l'y laisser trop longtemps pour juger de l'effet obtenu, car, en l'y abandonnant pendant un certain temps et surtout en l'y agitant, une faible quantité de potasse peut arriver à le ramener au bleu par action prolongée. Aussi, pour quelqu'un n'ayant pas acquis l'habitude de ce procédé, lui recommanderons-nous le procédé par gouttelettes déposées sur le papier rougi par la sueur. En outre, chaque goutte déposée sur le papier lui indiquera en y laissant une empreinte, le nombre de gouttes de la solution de potasse qu'il aura employée et il ne risquera pas de se tromper ; de plus il pourra, par comparaison, mieux juger des teintes obtenues, et ainsi, bien déterminer la limite à laquelle il doit s'arrêter.

Comme teinte de comparaison on peut se servir d'un morceau de papier bleu légèrement mouillé avec de l'eau distillée. Il faut en outre placer le papier sur lequel on expérimente sur un fond blanc; on peut de cette façon bien mieux juger de la teinte bleue obtenue.

Un point important à retenir, c'est qu'il faut juger immédiatement de la teinte bleue que l'on obtient, autrement en laissant sécher le papier, la coloration bleue disparaît complètement, ou du moins elle pâlit tellement qu'elle n'est plus appréciable. Il faut en outre, autant que possible, éviter d'opérer à la lumière artificielle.

Quelle est en résumé la valeur du procédé que nous venons d'indiquer ? La manière d'opérer par gouttelettes déposées sur le papier rougi nous a été inspirée par une méthode à peu près semblable pratiquée par M. le professeur Lépine dans des recherches sur l'alcalinité du sang. C'est en somme, le procédé le plus commode et le plus pratique ; il permet en outre de mieux observer les teintes successives. L'important est de savoir s'arrêter toujours à une teinte semblable à la coloration primitive du papier ; mais ce n'est qu'une affaire d'appréciation et de comparaison, et avec un peu d'habitude on acquiert assez vite la notion de la teinte type à laquelle on doit arriver.

Nous nous sommes servi d'un compte-goutte donnant exactement 20 gouttes par centimètre cube d'eau. Nous aurions pu nous servir d'un tube gradué en dixièmes de centimère cube et compter les dixièmes employés au lieu de compter les gouttes de notre solution de potasse. Nous n'y avons pas songé dès le début de nos expériences, aussi avons-nous préféré conserver toujours la même méthode. D'ailleurs, ce n'est pas ici le dosage véritable des acides de la sueur que nous avons voulu opérer, c'est simplement une manière de nous rendre compte de l'augmentation ou de la diminution relative de l'acidité de la sueur. Comment en effet aurions nous pu avoir la prétention de doser les acides de la sueur, acides que nous ne connaissons que très-peu, et cela, en nous servant d'un morceau de papier rougi ?

Il faudrait pour cela opérer dans des conditions toujours semblables au point de vue du temps et surtout de la quantité de sueur sécrétée. Et encore quel résultat aurait-on ?

Il est donc évident que cela est impossible. Déjà pour l'urine, ce liquide que l'on recueille en aussi grande quantité que l'on veut et si facilement, sans avoir besoin d'employer des agents pour en favoriser la sécrétion, déjà, disons-nous, pour ce liquide le dosage exact est impossible et l'on doit se contenter de résultats approximatifs. On ne peut donc songer, avec notre méthode, à faire un dosage même approximatif des acides de la sueur.

Nous avons vu que MM. Trumpy et Luchsinger avaient employé, pour nettoyer la peau, des lavages successifs avec le savon, l'eau légèrement acidifiée, l'éther, l'alcool, puis enfin l'eau distillée. Nous nous garderions bien de critiquer ici un procédé qui fait certainement l'éloge de leur patience et de celle de la victime dont le visage avait à supporter une pareille lessive, quand, ainsi qu'ils l'avouent, ils ne recommençaient pas l'opération plusieurs fois de suite. Nous leur en laissons tout le mérite.

Quant à nous, nous avons employé simplement le savon; on en trouve partout. Faisant en effet nos recherches un peu partout soit en ville, soit dans les hôpitaux, nous eussions avec le procédé allemand été obligé de transporter continuellement avec nous les différents liquides déjà cités, ce qui n'eût guère été praticable. D'ailleurs nous nous sommes assuré qu'après un ou deux lavages au plus avec le savon, et un lavage très-soigné avec une quantité d'eau suffisante, on arrivait à appliquer sur la peau, à un moment bien entendu où il n'y avait pas de transpiration, des morceaux de papier de tournesol rouge et bleu, mouillés légèrement avec de l'eau distillée, sans qu'aucune réaction pût se manifester. Il fallait alors attendre un certain temps pour que la transpiration insensible vînt modifier l'état du papier.

---

§ III. — DE L'ACIDITÉ DE LA SUEUR. — DÉTERMINATION DE CETTE ACIDITÉ

Ces préliminaires une fois établis nous arrivons à une question d'une grande importance, celle de déterminer quelle est la réaction de la sueur normale.

Nous avons vu les différentes opinions des auteurs. Pour la majorité, et ce sont les premiers qui ont expérimenté, la réaction normale est acide ; pour MM. Trumpy et Luchsinger elle est alcaline. Ces derniers, nous l'avons vu, affirment que la matière sébacée est seule acide et que c'est elle qui modifie complètement la réaction de la sueur ; mais d'un autre côté, nous voyons M. Andral et, après lui, M. Rabuteau, prétendre que la matière sébacée est alcaline et que de là vient l'alcalinité que l'on rencontre à l'aisselle, au scrotum, etc. Il s'agit donc de rechercher la vérité dans ces différentes opinions.

Tout d'abord nous nous sommes préoccupé de savoir si la matière sébacée était, oui ou non, acide. Connaissant le volume relativement considérable des glandes sébacées du scrotum nous avons songé à expérimenter sur elles.

Après avoir soigneusement lavé, suivant la façon que nous avons indiquée, la région scrotale, nous avons pu, en faisant avec l'ongle une pression appropriée, déterminer la sortie du contenu des glandes les plus volumineuses. Ce contenu s'échappait vers la racine des poils sous forme d'un petit ver très-mou que nous recueillions aussitôt avec la pointe d'un scalpel. La matière sébacée était alors déposée sur deux petits morceaux de papier bleu et rouge. Lorsque la quantité recueillie de la sorte nous parut suffisante, nous écrasâmes sur le papier la matière que nous y avions déposée. Aussitôt, regardant le papier en-dessous, nous vîmes que le papier rouge n'était pas modifié, tandis qu'une tache rouge très-nette se voyait sur le papier bleu à l'endroit où se trouvait la matière sébacée.

Nous avons répété l'expérience à deux ou trois reprises différentes et nous avons toujours obtenu le même résultat.

Nous croyons donc, comme le veulent MM. Trumpy et Luchsinger, que la matière sébacée est acide. Si, en tout cas, la sécrétion ne s'en fait pas naturellement acide, elle le devient très-peu de temps après, par la formation d'acides gras dans l'intérieur même des glandes sébacées. C'est du moins le résultat auquel nous a paru conduire notre expérience. Lutz dit que l'acide de la matière sébacée est l'acide butyrique. L'opinion de M. Andral, relativement à l'interprétation de l'alcalinité des sueurs de l'aisselle et autres, nous paraît donc ne pas pouvoir être vraie.

Mais les glandes sudoripares ne peuvent-elles pas, elles aussi, sécréter un liquide acide ?

On sait qu'il y a deux régions du corps qui sont complétement dépourvues de glandes sébacées et qui n'ont que des glandes sudoripares. Ce sont la région plantaire et la région palmaire.

Vu la difficulté d'aller expérimenter à la région plantaire, nous nous sommes servi exclusivement de la paume des mains et de la surface inférieure correspondante des doigts.

Ainsi que M. Aubert l'a démontré dans ses recherches déjà citées, ce sont les extrémités des doigts surtout et la partie de la région palmaire qui se trouve vers leur racine, qui sont les plus abondamment pourvues de glandes sudoripares. Or, si l'on ferme la main, on s'aperçoit que ces parties les plus sécrétantes, sont précisément en rapport. Plaçant donc un papier de tournesol entre ces surfaces et excitant la sécrétion des glandes, on pourra facilement observer la réaction qui se formera.

Nous étant lavé deux fois de suite les mains avec du savon et très-minutieusement, nous les avons par surcroît de précaution laissé sécher à l'air, sans les essuyer, afin de ne toucher aucun objet que l'on pût accuser d'avoir influencé la réaction.

Alors prenant dans une main, entre les surfaces indiquées, un morceau de papier bleu, dans l'autre un morceau de papier rouge, morceaux préparés à l'avance et humectés avec un peu d'eau distillée pour mieux faire ressortir la réaction, la quantité de sueur n'étant jamais bien abondante dans cette région, et n'étant pas toujours suffisante pour imbiber complétement le papier, voici ce que nous avons observé : au bout de cinq minutes, en ouvrant les mains, nous avons trouvé que le papier rouge n'avait pas changé de couleur, tandis que le papier bleu avait pris une teinte rouge.

L'on peut répéter autant de fois que l'on veut cette expérience, dans les conditions que nous indiquons, et toujours on arrive à un résultat identique. *La sueur est donc bien véritablement acide.*

Pour exciter la production de la sueur, nous nous sommes servi de la chaleur, moyen tout naturel et que l'on peut utiliser partout. Avant de commencer l'expérience, on commence par exciter la transpiration en se tenant, pendant un moment, dans un endroit à température un peu élevée, en s'exposant, par exemple, pendant quelque temps, aux rayons solaires. Une fois la transpiration bien établie, on fait l'expérience telle que nous l'avons exposée; en se replaçant de nouveau dans le milieu échauffé, la sueur se rétablit presque aussitôt et l'on peut observer la réaction obtenue par le papier, réaction qui, nous l'avons vu, devient toujours *acide*.

Nous nous opposons donc formellement à l'opinion de MM. Trumpy et Luchsinger qui veulent faire de la sueur un liquide alcalin. Nous avons vu d'ailleurs qu'ils se sont servis, pour provoquer la sueur, d'injections de chlorydrate de pilocarpine. Cet alcaloïde, extrait du jaborandi *(Pilocarpus pinnatus)*, provoque chez l'homme et les animaux des sueurs abondantes, que nous ne croyons pas pouvoir considérer comme normales. Ce sont, comme nous le verrons dans notre second chapitre, des sueurs spéciales.

Nous ne comprenons pas que MM. Trumpy et Luchsinger aient pu tirer d'un fait particulier une conclusion générale. Si la sueur provoquée par le jaborandi est, comme nous le verrons, indéniablement alcaline, il ne peut s'en suivre que toute sueur, et surtout la sueur normale, soit également alcaline. Il est donc tout-à-fait illogique de tirer des conclusions comme celles des deux expérimentateurs allemands.

M. Aubert, parlant des acides de la sueur, dit : « En nous plaçant à un autre point de vue que celui de leur nature, nous pouvons nous demander quelle est la raison d'être de leur présence dans la sueur. Cette présence se rattache certainement à un rôle dépurateur, puisque ces acides, et l'acide carbonique en particulier, sont des produits de combustions organiques qui doivent être rejetés au-dehors.

« Ce rôle est-il le seul? Si nous nous reportons à l'action dissociante que les alcalins, mêmes faibles, exercent sur les cellules molles de la couche de Malpighi, alors que la plupart des acides conservent la netteté de la forme et du contour de ces cellules, nous pouvons supposer que la présence de ces acides dans la sueur est utile à la conservation de l'intégrité anatomique des cellules épithéliales du conduit sudoripare. A la surface cutanée, les cellules de la couche cornée épidermique sont dures, résistantes, peu attaquables; l'alcalinité du résidu perd donc tous ses inconvénients et ne présente que des avantages.

« Trousseau donnait comme théorie des exanthèmes sudoraux, indépendamment de l'exagération de la fonction, ce qui est légitime, la présence dans la sueur d'un principe morbide provenant de l'organisme malade. Ne pourrait-on pas rattacher dans un grand nombre de cas la théorie de ces exanthèmes à quelque chose de moins insaisissable, à l'acidité insuffisante ou à l'alcalinité de la sueur, provoquées par des transpirations abondantes. (1) »

Comme on le voit, l'acidité de la sueur n'est pas seulement prouvée par l'expérience, par les faits d'observation seulement, elle serait en théorie nécessaire en agissant comme principe conservateur des cellules du conduit sudoripare.

(1) Aubert. V. *Lyon-Médical* 1874, t. I, p. 169 et suiv.

CHAPITRE II

Réaction de la sueur dans diverses conditions physiologiques.

§ I. — APERÇU PHYSIOLOGIQUE SUR L'APPAREIL SUDORIPARE

Nous croyons utile, avant d'examiner les différentes conditions physiologiques capables d'exercer une influence modificatrice sur la réaction de la sueur, de donner un résumé des notions physiologiques actuellement connues sur le mode de production de cette importante sécrétion.

Chaque organe sécréteur se compose d'un appareil glandulaire, d'un réseau vasculaire et de nerfs particuliers, connus depuis peu de temps, et appelés nerfs sécrétoires.

Les glandes situées dans le tissu cellulaire sous-cutané sont formées par l'enroulement de petits tubes terminés en cul-de-sac ; elle se terminent par un canal excréteur contourné en spirale qui vient s'ouvrir à la surface tégumentaire.

Rappelons ici les conclusions de M. Aubert relativement au rôle et à la situation de ces glandes, conclusions que nous avons déjà invoquées et sur lesquelles nous nous appuierons encore plus tard :

« 1° La transpiration insensible se fait exclusivement par les glandes sudoripares ;

2° La moiteur est due non-seulement à l'émission incessante de la sueur, mais à la présence du résidu deliquescent et alcalin laissé par son évaporation ;

3° Les glandes sudoripares, indépendamment de leurs autres fonctions, doivent être considérés comme des appareils sécréteurs annexés aux organes du tact.

De cette dernière considération découlent les conséquences suivantes :

L'inégalité du nombre des glandes sudoripares dans les diverses régions et la prédominance de ce nombre à la paume des mains et à la plante des pieds.

L'inégalité de l'action sécrétoire de ces glandes dans les diverses régions.

La persistance au pied et à la main de la sécrétion et de l'issue de la sueur malgré la pression, et l'utilité à ce point de vue du trajet en spirale du conduit sudoripare.

Le rapport de proximité des glandes avec papilles (1). »

Aux glandes est annexé un réseau vasculaire très-riche. Ce réseau entoure chaque enroulement du tube de la glande et joue un grand rôle par sa contraction et sa dilatation dans l'augmentation et la diminution des sueurs.

(1) Aubert, (*Lyon Médical*, *1874*, t. I, p. 171.)

Enfin chaque glande se trouve soumise à l'influence d'un certain nombre de filets nerveux. Outre les nerfs vaso-moteurs qui agissent sur la production de la sueur par leur action propre sur les vaisseaux capillaires périphériques, il existe des nerfs qui influencent directement la sécrétion, sécrétion qui, nous le croyons, doit être placée uniquement sous leur dépendance. En 1876, M. Vulpian disait que la seule indication donnée sur l'existence des nerfs sudoripares était due à M. Langerhans, qui aurait vu les fibrilles nerveuses dépourvues de myéline, pénétrer dans les glandes sudoripares et jusque dans les intervalles des cellules de ces glandes (1).

« En 1876 deux auteurs, Ostroumow et Luchsinger, démontrèrent chacun de leur côté et sans se connaître, que la sécrétion de la sueur n'est aucunement sous la dépendance de la circulation, mais que c'est une véritable fonction nerveuse.

En excitant le nerf sciatique ou les nerfs du membre antérieur chez le chien et le chat, Kendall et Luchsinger ont vu se produire une sécrétion abondante de sueur sur les pulpes sous-digitales, et cette sécrétion se produisait alors même que la température des pattes était relativement très-basse. On n'a donc pas affaire, dans ce cas, à un simple phénomène de transsudation, directement placé sous la dépendance de la circulation ; et ce qui le démontre encore, c'est que ce phénomène s'observe encore nettement sur une patte amputée dont on excite le nerf. La sueur est donc une vraie

(1) Vulpian, (*Etudes de pathologie expérimentale sur l'action des substances toxiques et médicamenteuses, 1876*, p. 30.)

sécrétion, analogue à bien des points de vue à la sécrétion salivaire et l'activité spéciale des cellules glandulaires ne se produit que par l'irritation de certains nerfs, les nerfs sécrétoires, et ne se manifeste pas, malgré la variation possible de toutes les autres conditions, tant que ces nerfs ne sont pas irrités. »

Dans d'autres recherches Luchsinger démontre que les fibres sudoripares des nerfs sciatiques proviennent de la moëlle, elle passent par des *rami communicantes* dans le cordon abdominal du grand sympathique, d'où ces fibres vont après un certain trajet se joindre au tronc du sciatique. Il établit également que la sueur peut être provoquée par action réflexe.

Nawrocki confirma plus tard, en 1878, ces premières recherches de Luchsinger. Il constata, en outre, que chez le chat, il y a dans la moëlle allongée un centre sudorifique commun pour les pattes antérieures et postérieures. Les fibres sudoripares des membres antérieurs, partant de ce centre, viendraient par l'intermédiaire de la moëlle au ganglion étoilé et au symphatique; elles quitteraient la moëlle entre les troisième et cinquième vertèbres cervicales. De là elles arriveraient au plexus brachial et se distribueraient dans deux des nerfs qui en émanent; la plus grande partie irait au nerf médian, le reste au nerf cubital.

Luchsinger trouva à son tour des résultats analogues.

A peu près en même temps, Adamkiewicz, par des expériences sur l'homme et les animaux, affirma la réalité des résultats précédemment obtenus. Il confirme l'opinion de Luchsinger, que la sécrétion de la sueur est indépendante de la circulation. Il montre aussi qu'elle peut être déterminée par différentes causes: 1° par l'irritation artificielle et volontaire des muscles et de leurs nerfs; 2° par l'imagination; et 3° par voie purement réflexe, par des excitations cutanées. Il admet que la chaleur est un excitant direct de la sécrétion sudorale, et que l'activité des glandes sudoripares est en rapport direct avec la température à laquelle est soumise la surface cutanée.

Adamkiewicz croit en outre que « l'appareil nerveux qui préside à la sécrétion de la sueur tire vraisemblablement son origine de la surface du cerveau. Les nerfs passent par la moëlle allongée pour atteindre la moëlle épinière: là ils se réunissent à des centres sécrétoires, dispersés à peu près sur tout le parcours de la moëlle. Ces centres sont vraisemblablement placés dans les cornes antérieures de la substance grise, à l'endroit où se trouvent aussi des ganglions moteurs commandant à des parties analogues de la périphérie. Des fibres sécrétoires quittent la moëlle, réunies aux nerfs moteurs, traversent les racines antérieures et se rendent aux mêmes régions que ces nerfs moteurs. En outre des fibres sécrétoires contenues dans les racines motrices de la moëlle, il est encore, pour les pattes postérieures du chat, des fibres sécrétoires qui proviennent d'endroits plus élevés de la moëlle et sont portées par le grand sympathique aux nerfs sciatiques. »

Vulpian, l'année dernière, refit de nouvelles expériences dont les résultats confirmèrent et augmentèrent encore les résultats déjà obtenus. Contrairement à l'opinion primitive de Nawrocki et de Luchsinger, et d'accord en cela avec Adamkiewicz, il montra que toutes les fibres excito-sudorales, aussi bien des membres postérieurs que des membres antérieurs, ne proviennent pas toutes de la moëlle par l'intermédiaire du système sympathique, mais qu'un grand nombre naissent directement avec lès racines des nerfs moteurs qu'elles accompagnent.

Cet aperçu sur le mode d'innervation des glandes sudoripares a été tiré d'un travail de M. Blanchard, publié dans le *Progrès Médical*, travail résumant admirablement l'état actuel de la science sur cette question (1).

Comme on le voit, les différentes recherches faites depuis deux ou trois ans par les auteurs, prouvent évidemment l'existence de nerfs sécrétoires destinés aux glandes sudoripares.

De plus les auteurs inclinent à penser que la sécrétion de la sueur est complètement indépendante de la circulation, et que cette sécrétion doit être rattachée uniquement à l'action nerveuse, c'est-à-dire à celle des nerfs sécrétoires.

Comment comprendre en effet un certain nombre de phénomènes qui se passent à l'état physiologique ou pathologique si l'on ne fait pas intervenir l'action toute spéciale des nerfs dont nous parlons.

Nous voyons chaque jour des individus qui, sous l'influence d'une émotion vive ont, pendant un certain temps, le visage couvert d'une rougeur intense produite

(1) Pour détails et indications particulières voir le *Progrès Médical* du 26 avril 1879, p. 322.

par la dilatation des capillaires de la face sous une influence vaso-motrice. Quelle que soit la durée de la congestion de la face on ne verra pas, à moins qu'ils ne se trouvent dans un milieu à température élevée, la sueur perler sur leur figure.

Voici maintenant un individu qui, sous l'influence d'un sentiment de frayeur ou autre, pâlit affreusement ; son visage pourtant, malgré la contraction des vaisseaux capillaires, se couvre de transpiration, la sueur lui coule positivement sur la face et sur le reste du corps.

Comprimez-vous avec un lien suffisamment et convenablement serré la partie inférieure du bras, les vaisseaux veineux et capillaires dans lesquels le cours du sang est gêné, se dilatent énormément; toute la main devient turgescente ; malgré cela, quelque temps que vous attendiez, jamais vous ne verrez la sueur être provoquée, la main restera sèche. Il faut, bien entendu, n'être pas déjà en transpiration pour faire cette expérience.

Et à l'état pathologique, combien de fois ne voyons-nous pas des parties congestionnées, rouges et qui pourtant ne suent pas, tandis que dans d'autres cas, sous l'influence de quelque affection nerveuse, on voit se produire des sueurs abondantes. Les sueurs des phthisiques ne doivent-elles pas être rangées dans cette même catégorie.

Nous croyons donc qu'il faut admettre que toute sécrétion sudorale doit être placée sous la seule influence de l'innervation ; cette influence, M. Vulpian ne la met pas un instant en doute.

Il est évident que, lorsque l'excitation nerveuse qui

provoque la sueur agit de façon à produire la transpiration, si au même moment les capillaires environnants sont gonflés et dilatés, les matériaux offerts à la fonction sécrétoire étant plus abondants, on devra alors obtenir une sécrétion plus considérable. La dilatation vasculaire, qui autrefois était regardée comme la cause de la production de la sueur, n'est qu'un phénomène adjuvant.

Le nombre des agents que l'on a employés dans le but d'exciter la transpiration est assez considérable. L'efficacité même de plusieurs d'entre eux a été singulièrement exagérée. C'est ainsi les infusions des Quatre-bois sudorifiques, les infusions de bourrache, sureau, etc., n'agissent probablement que par la chaleur. En somme, tous les sudorifiques agissent en impressionnant les nerfs sécrétoires directement ou par action réflexe. Ce dernier mode d'action est celui qu'on obtient par la chaleur intus et extra. Les excitants directs sont généralement des alcaloïdes, tels que l'ésérine, la muscarine et la pilocarpine. Enfin, peut-être certaines substances agiraient-elles comme sudorifiques en irritant les cellules propres des glandes sudoripares au moment de leur élimination par ces glandes (alcool chaud, sulfureux, sels ammoniacaux, etc.). L'irritation se transmettrait aux extrémités périphériques des nerfs, et cette excitation nerveuse déterminerait la production de la sueur.

---

§ II. — DE LA RÉACTION DE LA SUEUR, SUIVANT LES CAUSES QUI DÉTERMINENT SA PRODUCTION

Nous n'avons pu évidemment étudier la réaction de la sueur produite sous l'influence de tous les agents qui peuvent exciter cette sécrétion. Nous nous sommes limité à l'étude de la réaction de la sueur provoquée sous l'influence de la chaleur seule, des boissons chaudes avec ou sans addition d'alcool, et enfin de la pilocarpine, qui est, comme nous le verrons, un excitant direct des fibres sudoripares. Ce sont les agents que nous employons le plus fréquemment pour provoquer la sudation.

Influence de la chaleur seule. — Nous avons profité, pour faire nos recherches à ce sujet, des plus chaudes journées que nous ayons eues cet été, alors que l'on pouvait facilement obtenir une transpiration abondante. Pour cela, nous agissions le matin avant de nous lever. Nous nous recouvrions au lit d'un certain nombre de couvertures, y compris la tête. La sueur se produit ainsi beaucoup plus vite et en plus grande quantité, car il n'y a pas de déperdition aussi grande de chaleur.

Au bout de quelques minutes, une sueur assez abondante nous couvrait le corps. Alors, sans sortir complétement du lit, les dispositions ayant été prises auparavant, nous nous lavions soigneusement les mains avec de l'eau chaude avec toutes les précautions nécessaires. Déterminant de nouveau la sudation, nous notions suivant le procédé que nous avons indiqué et sur lequel nous ne reviendrons pas, la réaction et la quantité d'acidité observées. Restant ensuite pendant deux heures dans cet état de transpiration abondante, nous déterminons de nouveau au bout de ce temps, la réaction obtenue après un nouveau lavage.

La réaction est toujours restée acide, l'acidité était seulement un peu diminuée. Dans trois expériences semblables qui ont été faites, la moyenne de la quantité de notre solution de potasse employée pour neutraliser l'acidité du papier de tournesol étant de 6 gouttes, cette moyenne devint de 3 gouttes après la sudation ; il y avait donc diminution de moitié. Comme on le voit, l'acidité était, en réalité très-peu forte, mais nous n'avons pas eu d'alcalinité.

Nous avons pu, il y a quelques jours, grâce à l'obligeance de M. le docteur Clément, professeur agrégé à la Faculté, pénétrer dans l'étuve sèche installée à l'hôpital de la Croix-Rousse. Cette étuve, chauffée par un système de poële particulier, pouvant donner au local où il est installé, une température très-élevée, était à une température de 50° centigrades au moment où nous y avons pénétré.

En moins de dix minutes la température a été portée à 67°. Cinq minutes après l'entrée dans l'étuve, nous étions couvert d'une sueur abondante ; nous sortîmes alors de l'étuve pour nous faire laver soigneusement tout le corps avec du savon et de l'eau chaude. Essuyé promptement avec un linge, nous rentrâmes dans l'étuve où nous restâmes pendant trois quarts d'heure.

Dès que la sudation fut reproduite, environ au bout

de trois minutes, nous fîmes usage de notre papier de tournesol. Nous trouvâmes sur n'importe quel point du corps une réaction acide. Nous séparâmes les papiers appliqués sur le dos des mains et la poitrine, pour y déterminer après l'intensité de l'acidité. A différents intervalles nous réappliquions, après lavage, des morceaux de papier de tournesol ; la teinte s'affaiblit peu-à-peu, surtout pendant la première demi-heure ; le dernier quart d'heure, elle resta à peu près stationnaire. Enfin au bout de trois quarts d'heure de séjour dans ce milieu, dont la température a été maintenue entre 67° et 68°, après nous être lavé et essuyé les mains et la poitrine, nous prîmes une dernière fois la réaction. Elle était toujours acide ; et pourtant la transpiration avait été très-abondante ; la sueur ruisselait partout sur le corps, et celle du front nous occasionnait même une certaine cuisson, en pénétrant dans les yeux. Nous sortîmes alors pour aller prendre une douche froide et compléter ensuite, par un repos d'un quart d'heure sur un lit, le bain favori des Turcs. Au bout de ce temps, après nous être habillé, nous pûmes constater que la teinte rouge du papier avait été continuellement en décroissant pendant une demi-heure ; pendant le dernier quart d'heure il n'y avait pas de différence bien sensible : employant alors notre solution de potasse, nous vîmes que l'acidité qui, au début, correspondait à 9 gouttes de la solution, ne correspondait plus, à la fin, qu'à 4 gouttes. L'acidité était donc assez faible ; mais enfin il y a loin de là à l'alcalinité que signalent les auteurs, après une sudation abondante et prolongée.

A quoi attribuer la réaction alcaline qu'ils rencontraient après une sudation abondante ? Peut-être n'avaient-ils pas soin de laver préalablement la surface mise en expérience, et par suite de l'accumulation du résidu alcalin de la sueur, les acides volatils étant peu à peu mis en liberté, la réaction finale devenait légèrement alcaline, d'autant mieux que l'acidité était diminuée par l'abondance de la sécrétion.

En somme, la diminution de l'acidité était, du reste, facile à prévoir; les glandes sudoripares devant donner, dans un même espace de temps, une quantité à peu près pareille d'acides, il est clair qu'avec l'abondance de la sudation, les acides doivent être plus dilués, et par suite la réaction acide sera moins forte ; de plus, avec l'abondance plus grande du liquide sécrété, il doit passer relativement plus de sels alcalins que lorsque la transpiration est médiocre.

Voici quelques résultats qui nous ont été fournis par notre ami, M. le Dr Garel, au sujet de l'influence des douches de vapeur sur la réaction de la sueur. Elles ont été prises à l'Hôtel-Dieu dans le service de M. Lépine :

Salle Ste-Élisabeth

N° 30 SCIATIQUE. (Douches de vapeur sur le membre.)	Acidité relative prise sur le membre		av. douche	8	g^{tt} s^{on} p^{sse}
			immédiate après.	5	—
N° 43 SYPHILIS ANCIENNE. Douleurs rhumatismales à l'épaule droite et au bras. (Douches de vapeur).	Acidité prise sur l'épaule	1°	av. douche .	8	—
			ap. —	5	—
		2°	av. douche .	6	—
			ap. —	5	—
		3°	av. douche .	6	—
			ap. —	4	—

L'acidité a donc légèrement diminué en présence de

la sudation abondante provoquée par la douche de vapeur.

Si l'on prend la réaction une demi-heure seulement après la douche et la cessation des sueurs, la réaction est redevenue à peu près ce qu'elle était avant.

Influence des boissons chaudes avec ou sans alcool. — Les boissons, pour exercer une influence sur la sudation, doivent être prises chaudes ; prises froides, elles s'éliminent uniquement par les reins, à moins pourtant que la température extérieure ne soit très-élevée, et le corps déjà en état de sueur. C'est donc ici la chaleur seule qui agit, comme excitant de la transpiration ; mais la réplétion du système vasculaire par des boissons abondantes, favorise la sécrétion d'une quantité plus considérable de sueur ; c'est, du moins, le résultat que nous avons cru obtenir. Pour faire ces expériences, nous nous sommes placé dans les mêmes conditions que pour la chaleur ; seulement, au moment de nous enfouir sous les couvertures, nous avons avalé une certaine quantité d'infusion chaude, préparée avec les plantes prétendues sudorifiques (bourrache, sureau, etc.) ; de temps en temps nous en absorbions encore autant que nous le pouvions. Nous avons fait l'expérience une fois sans alcool, la seconde fois une addition de 100 grammes d'eau-de-vie. La première fois, c'est-à-dire sans l'influence de l'alcool, l'acidité du début équivalant à 8 gouttes de solution de potasse, tomba à la fin à 3 gouttes. La seconde fois, avec l'influence de l'alcool, l'acidité au début étant de 9 gouttes, devint à la fin, au bout de 2 heures, de 7 gouttes.

Dans les deux cas, la sueur était très-abondante,

plus, croyons-nous, que par l'action de la chaleur seule. Ceci explique la diminution relativement plus grande de l'acidité que nous avons eue dans ce cas; sous l'influence de la chaleur seule, l'acidité tombait de 6 gouttes de potasse à 3; avec les boissons chaudes, elle va de 8 gouttes à 3. Quant à l'alcool, nous voyons que, sous son influence, l'acidité, quoique diminuant un peu, conserve un chiffre relativement assez élevé; il est donc probable que son action favorise la production de l'acidité par excitation des cellules glandulaires sudoripares; de là sa moindre grande diminution, malgré l'abondance de la sécrétion.

Il agirait, pris à l'état chaud, et s'éliminant en partie par la peau, c'est-à-dire par les glandes sudoripares, d'une façon analogue à la manière dont il agit sur les reins lorsqu'il est pris à froid. On constate, en effet, que l'urine, après l'absorption d'alcool froid, devient plus abondante et plus acide (1).

Influence du jaborandi. — Le jaborandi (*pilocarpus pinnatus*) est un arbre du Brésil, dont la feuille, d'une forme rappelant celle du laurier, nous est envoyée en Europe. On en extrait un alcaloïde, la *pilocarpine*, qui est le principe actif, déterminant la transpiration chez les personnes à qui l'on fait prendre une infusion de jaborandi. La pilocarpine, à l'état de chlorhydrate, est souvent donnée en injections sous-cutanées pour provoquer la transpiration. Voyons quelle est la nature de la sécrétion ainsi déterminée.

Nous connaissons les résultats auxquels sont arrivés

(1) Fustier, *Essai sur la réaction de l'urine* — Thèse, Lyon, 1879, p. 56.

MM. Trumpy et Luchsinger. Ces expérimentateurs ont trouvé que, par ce moyen, ils obtenaient une sueur alcaline.

Nous avons recommencé un certain nombre d'expériences à ce sujet. Nous profitions pour cela de plusieurs malades atteints de pleurésie, de mal de Brigth, etc., chez lesquels on faisait des injections sous-cutanées de chlorhydrate de pilocarpine (hôpital Saint-Pothin, service de M. le professeur Soulier).

Nous ne reviendrons pas sur les phénomènes que l'on constate au moment où la sueur s'établit, et qui ont été très-bien constatés par Trumpy et Luchsinger. Arrivons tout de suite à la réaction que, de même que les expérimentateurs allemands, nous avons trouvée alcaline. Aussitôt après avoir pratiqué une injection de 1 centig. de chlorhydrate de pilocarpine, nous lavions les surfaces que nous voulions mettre en expérience (mains, visage), avec tout le soin possible. Presque toujours les premières gouttes de sueur étaient acides au visage; mais, une fois la transpiration abondante bien établie, c'est-à-dire en moins de cinq minutes après le début de la sudation, la réaction devenait alcaline. Cette réaction alcaline se prolongeait pendant toute la durée de la sudation; mais bientôt après elle redevenait acide, en l'excitant simplement par la chaleur. Un phénomène important à noter, c'est qu'aux mains, où la sécrétion est peu abondante relativement, on ne trouve pas l'alcalinité comme au visage, où les gouttes de sueur sont très-volumineuses; aux mains, en effet, nous avons presque toujours constaté la conservation de l'acidité; rarement nous avons observé la neutralité de la réaction.

Chez les malades qui transpirent peu, mais salivent beaucoup, l'alcalinité de la sueur au visage est toujours très-faible; chez eux, on constate souvent la neutralité de la réaction. Alors aux mains on trouve toujours une réaction acide très-faiblement diminuée.

D'après ce qui précède, on voit que l'alcalinité de la sueur est en rapport avec l'abondance de la sécrétion provoquée par la pilocarpine.

M. Luchsinger (1) et M. Vulpian (2) ont montré que l'action de la pilocarpine s'exerçait, non sur l'élément glandulaire, mais sur l'innervation. Ce seraient les extrémités périphériques des nerfs sudoripares qui seraient influencées par la pilocarpine. D'autres alcaloïdes qui provoquent également la sueur (nicotine, ésérine, muscarine), agiraient, d'après M. Luchsinger, non plus sur les extrémités périphériques, mais, au contraire, sur les centres nerveux sudoripares.

Quoiqu'il en soit, la pilocarpine, qui a une action à peu près générale sur tous les nerfs sécréteurs et augmente les sécrétions en général, paraît agir suivant les individus d'une manière plus ou moins intense sur telle ou telle sécrétion. C'est ainsi que chez les uns il n'y a presque que de la salivation, et chez d'autres de la transpiration. En outre, chez le même individu qui transpire, tous les nerfs sudoripares ne paraissent pas être

(1) Luchsinger. — Die Wirkungen von Pilocarpin und Atropin auf die Schweiss drüsen der Katze, in Pfluger's Archiv., XV, p. 482, 1877, et *Revue des Sciences médicales*, 1878, p. 109.

(2) Vulpian, — *Etudes de pathologie expérimentale*, 1876, p. 25 et suiv.

influencés d'une façon égale. Ceux du visage sont évidemment les plus excités, car ici la sudation ne manque jamais et s'y trouve toujours en quantité beaucoup plus considérable que sur n'importe quelle partie du corps; les mains, qui sont, comme nous l'avons vu, pourvues d'un nombre relativement plus considérable de glandes sudoripares, les mains ne se couvrent que de peu de transpiration.

Etant donné ce résultat que la sueur provoquée par la pilocarpine a une réaction alcaline, on comprend par ce qui précède, ou du moins nous croyons qu'on doit l'interpréter ainsi, on comprend, disons-nous, que dans les régions qui suent peu, c'est-à-dire celles où les nerfs ont été peu ou à peu près pas influencés, la sueur conserve plus ou moins sa réaction normale. La sueur sera plus ou moins modifiée dans sa réaction suivant le degré d'action de la pilocarpine sur le nerf.

Comment expliquer maintenant le fait de l'alcalinité de la sueur provoquée par le jaborandi? Il est certain qu'il y a là un effet tout spécial exercé par la pilocarpine. Nous avons vu qu'un séjour de trois quarts d'heure dans une étuve, malgré une transpiration très-abondante, n'avait pu rendre la réaction de notre sueur alcaline. Au contraire par la pilocarpine, en moins de cinq minutes, on a une sueur alcaline. Il y a incontestablement ici un effet tout particulier que l'on ne peut rattacher à l'abondance seule de la sécrétion. Comment expliquer cet effet? Nous n'en saurions donner actuellement une interprétation exacte. Il est à supposer que l'influence nerveuse, ainsi excitée, doit modifier profondément les fonctions des cellules des glandes sudoripares, que leur action propre qui est, nous le croyons, celle d'une sorte de dialyseur laissant passer spécialement les produits acides (acides gras), destinés à l'élimination, cette action doit être suspendue et alors il y a passage en masse avec la partie aqueuse du sang des substances contenues à l'état de dissolution dans le sang ; or, le sang étant toujours alcalin, la réaction du nouveau liquide qui s'échappera sera également alcaline.

---

§ III. — RÉACTION DE LA SUEUR SUIVANT LES DIVERSES RÉGIONS DU CORPS

Les auteurs sont tous d'accord pour admettre que les différentes parties du corps n'offrent pas la même réaction sudorale. Le front, le cou, la poitrine, le bras, etc., offrent sensiblement la même réaction, qui est la réaction acide normale. Mais les régions axillaire, inguino-scrotale, vulvaire, les intervalles des orteils ont très-souvent une réaction alcaline.

Nous avons expérimenté sur nous-même pendant un certain nombre de jours; nous avons remarqué que la réaction acide du front, dos des mains, poitrine, etc., est sensiblement la même pour toutes ces régions dans le même moment. Mais cette même réaction variait d'intensité du jour au lendemain, suivant diverses circonstances d'alimentation, d'exercice, de repos, de boissons, etc., toutes causes qui, comme nous le verrons, agissent d'une manière assez efficace pour modifier la réaction de la sueur, et lui donnent plus ou moins d'acidité.

La moyenne de l'acidité de la sueur dans ces régions était représentée par 8 gouttes de notre solution de potasse, versées dans les 10^{cc} d'eau distillée.

Quant aux régions axillaire, inguino-scrotale, etc., dont nous avons parlé, on y rencontre fréquemment une réaction alcaline. Sur nous cette alcalinité a toujours été très-faible; la plupart du temps nous y avions une sueur neutre, quelquefois une sueur légèrement alcaline.

La sueur de la paume de la main, comparée à celle du dos de la main, du front, etc., est légèrement moins acide. Il doit en être de même de la sueur plantaire, nous ne l'avons pas essayée.

Comment interpréter ces variations dans la réaction de la sueur des différentes régions que nous avons citées? A la paume des mains, on comprendra facilement que, la sueur étant privée du concours de la sécrétion sébacée pour rendre la sueur plus acide, la réaction devra par cela même être moins accentuée, seulement comme l'activité des glandes sudoripares est plus grande que celle des glandes sébacées, il sera facile de voir que l'acidité ne doit pas être beaucoup diminuée et c'est pour cela qu'il n'y a jamais qu'un écart de 1 à 2 gouttes au plus de notre solution pour représenter la différence entre les deux acidités.

Pour ce qui est de l'alcalinité des régions axillaire, inguino-scrotale, etc., nous avons vu que la matière sébacée, d'après les expériences de Luchsinger et notre observation personnelle, était acide, qu'elle soit sécrétée acide ou qu'elle le devienne très-peu de temps après; on ne peut donc lui attribuer la cause de l'alcalinité de la sueur de ces régions.

Nous avons pensé, relativement à cette alcalinité, que l'on en pouvait donner l'explication suivante : la sueur de ces régions, en raison de leur disposition, est sécrétée à peu près constamment et par suite plus abondamment que partout ailleurs; de plus cette sueur s'y trouve difficilement essuyée ou entraînée par le frottement du linge et des habits. Il y a donc, au bout d'un certain temps, par suite de l'évaporation des acides qui sont plus ou moins volatils, une accumulation du résidu alcalin de la sueur. Celui-ci alors neutralise facilement la petite quantité d'acide sécrétée à chaque instant; et il arrive alors que l'on a une réaction légèrement alcaline.

Ce qui prouve que cette réaction alcaline est due à une accumulation des produits alcalins contenus dans le résidu de la sueur, c'est qu'après un lavage soigné ou un bain avec lavage au savon, on peut toujours faire disparaître cette réaction et la rendre acide en excitant de nouveau la transpiration. Toutefois l'acidité de ces régions n'est jamais aussi considérable que dans les autres parties. Peut-être les glandes sudoripares y sont-elles moins nombreuses, et alors elles ne peuvent, dans un même espace de temps, donner une réaction aussi forte qu'au front et à la main par exemple.

Cette même remarque doit s'appliquer à la transpiration insensible qui donne une réaction plus faible que quand les glandes sudoripares sont légèrement excitées et que la transpiration se produit un peu.

§ IV. — RÉACTION DE LA SUEUR AUX DIVERS MOMENTS DE LA JOURNÉE

La réaction de la sueur, comme nous allons le voir, n'est pas la même aux différents moments de la journée.

Nous n'avons pris, pour étudier la sueur dans ces conditions, qu'une seule région, celle du dos des mains, dont la réaction sudorale est sensiblement pareille à celle des différentes parties du corps. Voici les résultats que nous avons obtenus le mois dernier pendant une période de cinq jours consécutifs, le nombre de gouttes de solution de potasse représentant les relations de l'acidité :

12 juin	6 h. matin.....	6 goutt^es.	Transp^n	peu abond^te	Repos.
	1 h. s. (ap. déj.)	7 »	»	passab^t ab.	Exerc. à peu près nul.
	11 h. soir.......	10 »	»	assez forte.	Lég. exerc. dans le j^r.
13 juin	6 h. matin.....	7 »	»	médiocre ..	Repos.
	1 h. s. (ap. déj.)	8 »	»	légère	Exercice nul.
	10 h. soir.......	9 »	»	id.......	Exerc. léger le soir.
14 juin	7 h. matin.....	7 »	»	légère	Repos.
	1 h. s. (ap. déj.)	9 »	»	ass. abond^te	Léger exercice.
	10 h. 1/2 soir.	12 »	»	abondante .	Course dans la journée (8 à 10 kilomètres).
15 juin	6 h. 1/2 matin..	8 »	»	légère	Repos.
	1 1/2 s. (ap.déj.)	9 »	»	assez forte.	Pas d'exercice.
	11 h. soir.......	11 »	»	abondante.	Léger exerc. le soir.
16 juin	8 h. matin.....	7 »	»	médiocre ..	Repos.
	1 h. s. (ap. déj.)	7 »	»	id.....	Exercice nul.
	10 h. soir.	9 »	»	assez forte.	Très-peu d'exercice.

Comme on le voit, l'acidité est à son minimum le matin et au maximum le soir; cela tient aux conditions de repos, d'exercice, d'alimentation, etc. Une preuve que l'acidité augmente encore assez fortement le soir, c'est qu'à ce moment, où la transpiration était la plus forte, l'acidité était quand même augmentée.

Le repas paraît influencer légèrement la réaction; il y a, après, un peu d'augmentation de l'acidité. Nous avons recherché l'influence des repas en diverses occasions, et nous avons remarqué que ceux qui avaient été très-copieux, surtout ceux dans lesquels nous avions mangé beaucoup de viande et pris des boissons alcoolisées, donnaient une augmentation notable de l'acidité de la sueur, la réaction étant prise environ une heure après le repas.

---

§ V. — INFLUENCE DU TRAVAIL MUSCULAIRE

Si l'on se reporte à l'observation précédente, on voit que l'exercice musculaire augmente légèrement l'acidité de la sueur. Nous avons voulu, à ce sujet, des expériences directes; nous nous sommes soumis pendant deux jours à des courses assez prolongées, de manière à arriver à une fatigue assez grande; voici le résultat, l'acidité correspondant aux gouttes de notre solution de potasse employées :

19 juin	soir ..	9	gout[ttes]	Exercice presque nul.
20 juin	matin.	6	»	Repos.
	soir ..	14	»	Exercice prolongé dans le jour (courses d env. 18 à 20 kil..) transpiration abondante.
21 juin	matin.	9	»	Repos.
	soir ..	16	»	Dans le jour différ[tes] courses représ[ent] à peu près le même travail que la veille. Fatigue plus forte, forte transp[on].
22 juin	matin.	10	»	Repos. Lassitude
	soir ..	10	»	Id.

Sous l'influence du travail musculaire la sueur augmente donc d'acidité. Cette augmentation se prolonge également un peu le lendemain.

On trouve dans la thèse de M. Fustier (1) un résultat à peu près semblable pour la réaction de l'urine. Seulement, pour l'urine, c'est le lendemain seulement que l'on constate une forte augmentation de l'acidité.

« Pourquoi (dit-il), n'avons-nous pas trouvé une acidité plus considérable le jour de la course ? C'est probablement à cause de l'élimination des acides par les sueurs qui ont été abondantes surtout au commencement de la marche. »

Nos observations personnelles s'accordent donc avec l'interprétation donnée par M. Fustier.

---

§ VI. — INFLUENCE DU MODE D'ALIMENTATION

Les physiologistes sont généralement d'accord pour attribuer au mode d'alimentation une action toute puissante sur la réaction de la sueur. M. Claude Bernard, entre autres, expérimentant sur l'homme et les animaux a constaté que chez les carnivores la sueur est acide, tandis que chez les herbivores elle est alcaline. Chez le cheval à jeûn, il a vu la réaction de la sueur être alcaline, tandis que celle de l'urine était acide (2).

Le 27 juin dernier, ayant suivi notre régime ordi-

(1) Fustier, Thèse, p. 58 et suiv.

(2) Claude Bernard. — *Leçons sur les liquides de l'organisme*, t. II, page 182.

naire (régime mixte), nous nous soumîmes le 28 et le 29 à une alimentation à peu près complètement azotée (viandes, œufs, lait, etc.), le 30 juin, nous avons repris notre régime ordinaire, puis, le 1er et le 2 juillet, nous nous sommes nourri surtout de végétaux herbacés (haricots verts, légumes de toutes sortes, etc). Il est bien entendu que le pain a fait toujours partie des deux régimes différents.

Nous avons gardé la veille et les jours d'expérience le plus de repos possible afin de ne pouvoir accuser l'exercice musculaire d'avoir influencé la réaction en augmentant l'acidité.

Ne voulant pas encombrer ces pages d'un exposé de chiffres inutile et fastidieux, nous donnerons seulement les résultats importants que nous avons obtenus. De 7 gouttes de solution représentant la veille au soir l'acidité de la sueur, l'acidité est arrivée le soir des deux jours du régime azoté à 11 et à 13 gouttes, malgré un repos à peu près complet dans le jour. Le soir des deux jours à régime herbacé, l'acidité, qui la veille au soir correspondait à 9 gouttes de solution, est tombée à 6 et 5 gouttes, pour se relever à 8 gouttes le lendemain avec régime mixte. Il y a donc eu bien véritablement augmentation d'acidité par le régime azoté et diminution par le régime végétal.

La réaction était prise aux mains; transpiration modérée.

---

§ VII. — INFLUENCE DU BAIN SIMPLE

Nous n'avons pas trouvé dans les auteurs d'indications bien précises au sujet des modifications que peut apporter le bain dans la réaction de la sueur. MM. Trumpy et Luchsinger, ainsi que nous l'avons vu au début dans le récit de leur mode d'expérimentation, prétendent que sous l'influence des bains très-chauds la sueur devient alcaline. Il est évident qu'ici, c'est la chaleur seule qui agit ; n'ayant pu obtenir la réaction dont parlent les auteurs allemands par les diverses expériences que nous avons rapportées sur l'influence de la chaleur, nous n'avons pas cru devoir expérimenter sur le bain très chaud. Nous avons cependant voulu nous rendre compte de l'effet du bain ordinaire un peu prolongé et pris à la température ordinaire de 34 à 35 degrés.

Nous avons, en trois occasions différentes, noté immédiatement avant et après le bain la réaction de la sueur, provoquée sous l'influence d'une exposition de quelques instants au soleil. Nous avons avec étonnement observé à la sortie du bain une légère diminution dans l'acidité, cette variation correspondait, il est vrai, seulement à 1 ou 2 gouttes au plus de notre solution de potasse. Nous étions resté une heure chaque fois dans le bain, que, comme nous l'avons dit, nous maintenions entre 34° et 35°. Après un espace de temps de 20 à 25 minutes après la sortie du bain, la sueur donnait la même réaction qu'avant le bain.

Il est probable que cette diminution de l'acidité immédiatement après être sorti du bain tient à une imbibition de la peau par l'eau et à une dilution plus grande des acides de la sueur.

Avant d'aller plus loin disons un mot de l'observation ci-jointe que notre ami M. Hugonnard a bien voulu prendre sur lui-même pendant une période de huit jours, et qui nous montre des résultats analogues à ceux que nous avons montrés jusqu'ici. Cette observation nous montre les différences de réaction qu'il a obtenues suivant les jours, les heures de la journée, les régions observées, le tout légèrement influencé par diverses conditions de repos, d'exercice, de nourriture et de transpiration plus ou moins abondante. La température peu élevée et les jours généralement pluvieux pendant lesquels les observations ont été faites, les ont rendues encore plus difficiles.

En examinant attentivement cette observation on voit qu'il a noté d'une manière générale l'augmentation de l'acidité le soir (la réaction était prise sur le dos de la main).

Chez lui la réaction ordinaire de l'aisselle était généralement très-légèrement alcaline. Un résultat surprenant qu'il a obtenu, c'est qu'après le bain pris par lui le 9 au soir l'alcalinité lui a paru augmentée à l'aisselle.

Je ne puis attribuer ce résultat qu'à un reste de savon qui n'aura pas été enlevé par le lavage à l'eau ; nous avons quant à nous observé un phénomène tout opposé. Chaque fois que nous allions au bain avec une sueur légèrement alcaline à l'aisselle, lorsque nous en sortions, elle était acide.

DATES	HEURES	RÉGIONS	RÉACTION	NOMBRE de gouttes de solution de potasse employées.	QUANTITÉ DE TRANSPIRATION	CONDITIONS POUVANT INFLUENCER LA RÉACTION
1879 Jeudi 3 juil.	5 h. 1/2 soir..	Aisselle	Alcal, très légère	5 gouttes	Assez considér.	Exercice suivi de repos.
		Creux épigastrique	Acide			
	10 h. 3/4 soir..	Dos des mains	Acide	4 —	Insensible	Repos.
Vendredi 4.	7 h. 1/2 matin.	Dos des mains	Acide	6 —	Insensible	Repos. — Pris du lait à 6 h.
	8 h. matin ...	Dos des mains	—	7 —	—	Léger exercice.
		Paume des mains	—	5 —	—	
		Creux épigastrique	—	6 —	—	
		Aisselle	Alcal. énergique	» —	Légère	
	12 h. 1/2 soir..	Dos des mains	Acide	6 —	Insensible	Au sortir de déjeuner, après café.
	10 h. 1/2 soir..	Dos des mains	—	8 —	—	Repos.
Samedi 5	8 h. matin ...	Dos des mains	Acide	5 —	Insensible	Repos. — Lait à 6 h.
		Paume des mains	—	6 —	—	—
		Creux épigastrique	—	9 —	—	—
		Aisselle	Alcal. très légère	» —	très-légère	—
	12 h. 3/4 soir...	Dos de la main	Acide	6 —	Insensible	Au sortir de déjeuner, après le café.
	11 h. 1/2 soir..	Dos de la main	—	7 —	—	4 h. 1/2 après dîner.
Dimanche 6	8 h. matin....	Dos de la main.	Acide	6 —	Insensible	Repos. — Lait à 6 h.
		Paume de la main	—	4 —	—	—
		Creux épigastrique	—	8 —	—	—
		Aisselle	Alcal. très légère	» —	très-légère	—
	12 h. 1/2 soir...	Dos de la main	Acide	7 —	Insensible	Au sortir de déjeuner, après café.
	10 h. 1/2 soir..	Dos de la main	—	7 —	—	Léger exercice. — Bu 2 boocks après dîner.
Lundi 7....	9 h. matin ...	Dos de la main	Acide	5 —	Insensible	Léger exercice. — Lait à 6 h.
		Paume de la main	—	4 —	—	—
		Creux épigastrique	—	7 —	—	—
		Aisselle	Alcal. très faible	» —	—	—
	1 h. 05 soir...	Dos de la main	Acide	6 —	—	Après déjeuner et café.

Mardi 8...	7 h. 1/2 soir..	Dos de la main	Acide	4 gouttes	Insensible	Repos. — Lait à 6 heures.
		Paume de la main	—	4 —	—	— —
		Creux épigastrique	—	7 —	—	— —
		Aisselle	Alcal. très légère	» —	—	— —
	12 h. 3/4 soir..	Dos de la main	Acide	5 —	—	Léger exercice. — Après déjeuner et café.
	11 h. soir.....	Dos de la main	—	5 —	—	Repos. — Quatre heures après dîner et café.
Mercredi 9.	5 h. 3/4 matin	Dos des mains	Acide	4 —	—	Repos. — A jeûn. — Transpiration la nuit
		Paume des mains	—	3 —	—	—
		Creux épigastrique	—	8 —	—	—
		Aisselle	Alcal. très légère	» —	—	—
	9 h. 1/4 matin	Dos des mains	Acide	5 —	—	Exercice de 8 kil. — Lait à 6 h. 1/4.
		Paume des mains	—	5 —	—	— de 6 h. 3/4, à 9 h. 1/2.
		Creux épigastrique	—	8 —	Moyen. Intensité	— —
		Aisselle	Alcal. assez forte	» —	—	— —
	1 h. soir.....	Dos des mains	Acide	6 —	Insensible	Repos.— Immédiatement après déjeuner et café.
	10 h. soir.....	Dos des mains	—	5 —	—	Exercice.— Immédiatement avant *bain*.
		Paume des mains	—	4 —	—	—
		Creux épigastrique	—	7 —	—	—
		Aisselle	Alcal. très légère	» —	—	—
	10 h. 1/4 soir..	Dos des mains	Acide	3 —	—	— Après *bain*.
		Paume des mains	—	2 —	—	— —
		Creux épigastrique	—	3 —	—	— —
		Aisselle	Alcal. plus forte	» —	—	—
Jeudi 10....	9 h. matin...	Dos des mains	Acide	6 —	Insensible	Repos. — Lait à 6 h.
		Paume des mains	—	5 —	—	—
		Creux épigastrique	—	8 —	—	—
		Aisselle	Alcal. très légère	» —	—	—
	12 h. 1/2 soir..	Dos des mains	Acide	5 —	—	— Après déjeuner et café.
	11 h. soir.....	Dos des mains	—	6 —	—	Léger exercice. — 3 h. 1/2 après dîner et café.
Vendredi 11	6 h. 35 matin	Dos des mains	Acide	6 —	Insensible	Repos. — Lait à 6 h.
		Paume des mains	—	5 —	—	—
		Creux épigastrique	—	7 —	—	—
		Aisselle	Alcal. très légère	» —	—	—
	12 h. 3/4 soir..	Dos des mains	Acide	6 —	—	— Immédiatement après déjeuner et café.
	10 h. 1/2 soir..	Dos des mains	—	6 —	—	— 3 h. 1/2 après dîner et café.

Les diverses influences des repas, de l'exercice, etc. ont augmenté également chez lui l'acidité de la sueur.

Nous remercions sincèrement M. Hugonnard du dévouement et de la patience qu'il a montrés en prenant ces différentes observations.

Un résultat qui pourrait surprendre dans cette observation, c'est que l'acidité du dos de la main, comparée à celle du creux épigastrique, est plus faible que cette dernière. Cela tient à ce que, par suite d'une erreur, il ne se lavait pas la poitrine avant d'expérimenter, tandis que les mains étaient lavées. On voit en effet qu'après le bain du 9 l'acidité de ces deux régions ont été égales.

---

§ VIII. — ACIDITÉ DE LA SUEUR SUIVANT LES AGES, LE SEXE ET LES INDIVIDUS

Nous n'avons fait que peu d'observations relativement aux âges, aux sexes et aux individus. Il nous aurait fallu pour donner un résultat bien précis observer un très-grand nombre d'individus et prendre une moyenne. Néanmoins, d'après le peu que nous avons pu voir, nous croyons que d'une manière générale la sueur est moins acide chez la femme que chez l'homme et qu'elle l'est encore moins chez l'enfant et le vieillard. Quant aux individualités, pour les personnes d'une même catégorie, il est certain que le plus ou moins d'acidité dépend du genre d'existence de l'individu. Nous avons vu l'influence sur la réaction de la sueur des différents états de repos, d'excercice, du mode d'alimentation, etc., il est évident que ce sont ces mêmes causes qui feront varier la moyenne de l'acidité chez les différents individus.

§ IX. — INFLUENCE DES SAISONS

Cette question n'a pu être étudiée par nous d'une façon particulière, n'ayant pas encore commencé nos recherches dans le cours de l'hiver passé. Rappelons seulement que M. Aubert, dans les mois d'hiver, a constaté une proportion moins forte de sels alcalins avec alcalinité moindre de la sueur.

Il est donc probable que l'acidité de la sueur, en hiver, doit être un peu augmentée et diminuée en été dans les mêmes conditions d'existence.

§ X. — DES VARIATIONS DE LA RÉACTION DE LA SUEUR, COMPARÉES A CELLES DE L'URINE

Si l'on consulte la thèse que M. Fustier a faite sur la réaction de l'urine et si l'on examine les résultats qu'il a obtenus, on peut voir facilement, en les comparant à ceux que nous avons observés pour la sueur, que ces deux importantes sécrétions s'ajoutent ou se suppléent l'une à l'autre dans leurs fonctions, que l'on peut appeler fonctions éliminatrices des produits des combustions organiques; la sueur a cependant un rôle de plus que l'urine, c'est d'empêcher par son évaporation, la température du corps de s'élever au-dessus d'une certaine limite ; elle élimine aussi spécialement les acides gras. D'une manière générale au point de vue de la réaction, on peut dire que les mêmes causes donnent une modification semblable de la réaction des deux liquides.

La sueur, comme l'urine, étant normalement acide, l'augmentation de la quantité du liquide sécrété diminue l'acidité de la sueur comme de l'urine ; seulement comme ces variations dans la quantité des deux sécrétions a lieu d'une manière inverse, c'est-à-dire, que l'urine augmente en hiver et la sueur en été, la réaction variera de même inversement : l'urine sera plus acide en été à cause de sa petite quantité, et la sueur le sera en hiver.

Nous voyons l'acidité de la sueur et de l'urine s'abaisser le matin et augmenter le soir ; l'urine peut même, le matin, devenir neutre ou même légèrement alcaline sous l'influence de la diète.

L'acidité des deux sécrétions augmente un peu après les repas.

L'augmentation de leur acidité est très-nette et peut être souvent assez considérable après le travail et la fatigue musculaire.

Enfin, de même que pour la sécrétion urinaire, l'acidité varie suivant les individus. Pour la sueur, la réaction varie à peu près sous les mêmes influences de constitution, de genre de vie de chaque individu.

Les deux sécrétions de la sueur et de l'urine sont donc appelées, soit à se suppléer l'une à l'autre, soit à ajouter leur action dans le rôle qu'elles ont à remplir.

CHAPITRE III

De la réaction de la sueur dans divers cas de maladie.

M. Andral, qui a publié les résultats qu'il avait obtenus au sujet de la réaction de la sueur dans les différentes maladies, s'exprime ainsi : « Quelles que soient les conditions de santé ou de maladie dans lesquelles j'ai examiné la sueur, je l'ai toujours trouvée le plus souvent acide, quelquefois neutre, jamais alcaline. J'ai constaté l'état neutre lorsqu'elle est très-abondante. Son acidité ne lui est enlevée par aucune maladie ; aucune ne la rend alcaline.

Dans les fièvres typhoïdes, quelle que soit la gravité, l'acidité persiste ; elle ne disparaît pas chez les diabétiques.

La sueur n'est donc pas simplement l'eau du sang qui s'échappe à travers la peau, chargée du principe du sérum, car ainsi elle serait alcaline comme le le sérum et comme le sont la plupart des liquides qui se séparent du sang à la surface cutanée (phlyctènes dans brûlures, vésicatoires, vésicules d'herpès et d'eczéma, bulles de pemphigus). Elle est toutefois acide dans les sudamina ; mais ici il n'y a pas trace d'albumine, tandis qu'il y en a dans les liquides précédents. » (1)

M. Burguières qui a observé une épidémie de choléra à Smyrne, dit à propos de la réaction de la sueur dans cette maladie : « Dans la première période du choléra, la sueur est à peu près supprimée. Dans la seconde période, période de cyanose, la sueur prend un caractère d'enduit froid et visqueux. Cette sueur visqueuse perd son acidité normale, mais ne devient pas alcaline. Elle reste toujours neutre. Dans la période de réaction, la sueur redevient acide. » (2)

Nous regrettons ne n'avoir pu consacrer à cette question tout le temps que nous aurions désiré, vu l'importance pratique qu'elle peut avoir. Nous eussions voulu étudier avec précision la réaction de la sueur de l'individu au moment et aux différentes périodes de sa maladie, puis constater aussi le changement que cette réaction aurait pu nous offrir avec celle prise sur le même individu à l'état de santé.

Nous aurions également voulu étudier minutieusement les modifications que pourraient apporter à la réaction de la sueur les divers médicaments employés, tels que le salicylate de soude et l'acide salicylique, l'acide benzoïque, l'acide citrique, les alcalins, l'iodure de potassium, etc.

(1) Andral. *Comptes-rendus de l'Académie des sciences;* Paris, 1848.

(2) Burguières. *Etudes sur le Choléra-morbus observé à Smyrne; 1848.*

C'est une question très-intéressante, et qui nécessitera de notre part des recherches ultérieures.

Nous ne donnerons pour le moment qu'un certain nombre de résultats que nous avons observés ces derniers temps.

Disons qu'ils concordent exactement avec les résultats obtenus par M. Andral. Dans tous les cas de maladie que nous avons observés, nous avons toujours obtenu une réaction acide, la plupart du temps assez forte, quelquefois faible; dans deux cas seulement nous avons atteint à peu près la neutralité; jamais nous n'avons constaté d'alcalinité.

Les deux cas où nous avons presque trouvé la neutralité ont été observé chez deux malades : l'un phthisique, qui avait des sueurs nocturnes excessivement abondantes; l'autre syphilitique avec affection cérébrale, qui était couvert également de sueurs très-abondantes et continuelles, d'autant mieux qu'il les augmentait encore en se couvrant de cinq ou six couvertures de laine, même pendant les jours les plus chauds que nous ayons eus cet été. Chez ces derniers malades la sueur arrivait à peu près à la neutralité.

Nous avons observé un certain nombre d'autres phtisiques; au moment de leur sueur profuse l'acidité était diminuée. Nous avons eu sous la main deux cas de rhumatisme articulaire aigu avec sueurs abondantes. Chez ces malades l'acidité de la sueur était assez forte malgré une sueur très-abondante. Ils prenaient du salicylate de soude. L'acidité était chez eux égale à la moyenne de l'acidité que nous avons trouvée chez nous; elle équivalait à 7 à 8 gouttes de notre solution de potasse. D'après cela on pourrait croire que l'acidité est un peu augmentée dans le rhumatisme. Mais l'acide salicylique n'y était-il pour rien ?

Nous n'avons pu trouver de goutteux au moment d'un accès de goutte; il eût été curieux de voir si chez eux l'acidité n'était un peu augmentée.

Dans les états fébriles intenses, malgré l'abondance et la continuité de la transpiration que l'on rencontre quelquefois, l'acidité reste aussi élevée; ainsi dans deux cas de fièvre typhoïde avec température de 39° et 40°, nous avons trouvé une acidité correspondant à 8 et 9 gouttes de notre solution de potasse; dans un cas de fièvre scarlatine avec 39° de température, nous avons eu besoin de 6 gouttes pour neutraliser l'acidité (transpiration abondante).

M. le docteur Garel nous a communiqué les observations suivantes, qu'il a recueillies dans la salle Sainte-Elisabeth, à l'Hôtel-Dieu.

N° 15. Accès de goutte antérieure.

Diabétique (glycosurie) moyenne de l'acidité, 7 g^tes de solution de potasse.

L'acidité était prise à la paume de la main, de même que dans le cas suivant :

N° 28. Tuberculose.

Anémie intense (1,800,000 glob. rouges) moyenne de l'acidité, 8 gouttes.

N° 25. Fièvre intermittente.

Acidité de la sueur { Au début de la période de sueur.... — 4 gouttes.
{ A la fin des sueurs............ .... — 3 gouttes.

Si l'on admet que la moyenne de l'acidité normale correspond à 6 à 8 gouttes de notre solution de potasse, on voit que, dans les cas pathologiques cités, l'acidité ne s'est pas trop écartée de ces limites.

CONCLUSIONS

Il résulte de l'ensemble de nos recherches et des résultats que nous avons obtenus que la sueur normale possède bien une réaction acide.

L'acidité normale est sujette à des modifications; elle peut augmenter ou diminuer à l'état physiologique et pathologique.

Enfin la sueur peut même devenir alcaline, mais dans ce cas nous ne devons pas assurément la considérer comme une sueur normale. C'est sous l'influence spéciale du jaborandi seulement que nous avons pu trouver l'alcalinité de la sueur. En quoi consiste cette action spéciale de la pilocarpine ? Nous avons dit que nous ne saurions en donner pour le moment une explication satisfaisante, et que l'on ne peut songer qu'à des probabilités. Quant à nous nous croyons à une influence particulière de cet alcaloïde sur les extrémités nerveuses sudoripares, action spéciale ayant pour conséquence une modification probable, inconnue et momentanée des cellules des glandes sudoripares, modification amenant la transsudation et le passage de la partie aqueuse du sang, celle-ci restant chargée des sels alcalins qu'elle tient en dissolution, et qui par suite donne la réaction alcaline à cette sueur.

Nous ne croyons pas à la possibilité de la formation dans le sang, sous l'influence du jaborandi, d'un produit alcalin particulier s'éliminant ensuite par les glandes sudoripares et donnant à la sueur la réaction alcaline.

S'il en était ainsi toutes les parties du corps seraient couvertes de sueur alcaline; or nous avons vu que ce sont seulement les régions dont les nerfs sont le plus influencés, qui possèdent cette alcalinité.

Nous ne pensons pas non plus que l'interprétation de cette alcalinité puisse être rattachée à la seule abondance de la transpiration. Nous avons vu que, par les transpirations très fortes et prolongées, sous l'influence de la chaleur, nous n'avons pu arriver à l'alcalinité ni même à la perte complète de l'acidité. Avec le jaborandi, au contraire, on a la réaction alcaline produite à peu près immédiatement dès le début de la sudation; en tous cas elle s'est toujours produite au plus tard cinq minutes après le commencement de la production de la sueur.

Nous avons dit qu'il y avait des causes qui augmentaient l'acidité de la sueur, ce sont celles qui augmentent les combustions organiques, les combinaisons chimiques, qui s'opèrent dans nos tissus.

Le travail musculaire est au premier rang parmi les causes qui augmentent l'acidité, cela est facile à comprendre, puisqu'on sait qu'il y a un phénomène de combustion plus intense dans le muscle en travail, et que de ces combustions résulte la formation d'un certain nombre d'acides.

L'alimentation par un régime azoté augmente aussi l'acidité de la sueur.

Le travail intellectuel, quoique nous n'ayons pas fait d'expériences à ce sujet, doit augmenter probablement aussi l'acidité

On peut en dire autant des états fébriles intenses et de tous les cas où il y a autophagie chez un individu ; les combustions organiques sont augmentées, et la réaction de la sueur doit varier dans le même sens.

Les causes qui diminuent l'acidité de la sueur sont tout d'abord l'abondance de la sécrétion. On comprend aisément pourquoi ; en effet la quantité d'acide est plus diluée, et l'eau de la sueur venant du sang qui est alcalin entraîne, en passant en plus grande quantité, une proportion relativement plus forte de sels alcalins. Cette action s'opère à l'état physiologique de même qu'à l'état pathologique.

Enfin nous avons vu qu'un régime herbacé diminue sensiblement l'acidité de la sueur. Il serait curieux de voir si, par un régime semblable continué pendant longtemps, la sueur ne deviendrait pas alcaline comme chez les herbivores.

Nous ne reviendrons pas sur la comparaison de la sueur avec la sécrétion urinaire, nous en avons fait assez ressortir les analogies au point de vue général ; rappelons seulement ce fait, au point de vue de l'acidité, c'est que la sueur élimine spécialement les acides gras, tandis que l'urine doit surtout, d'après les travaux les plus récents, son acidité à du phosphate acide de soude.

Quant aux médicaments divers qui peuvent probablement, en s'éliminant par les glandes sudoripares, modifier la réaction de la sueur, c'est une question qui demandera des recherches longues et minutieuses, car elles nécessiteront probablement l'analyse chimique du liquide sécrété.

En terminant, disons que nous n'avons apporté dans ces recherches aucun esprit de parti pris d'avance ; nous nous sommes attaché à l'observation aussi exacte que possible des faits ; nous avons lieu d'espérer que le soin minutieux que nous avons mis dans ces recherches nous aura placé à l'abri de l'erreur.

Quant aux interprétations que nous avons proposées pour expliquer certains faits d'observation, nous les avons adoptées comme étant celles qui nous ont paru les plus rationnelles.

TABLE DES MATIÈRES

CHAPITRE III

3850 — Imp. Ve Chanoine, Lyon

www.ingramcontent.com/pod-product-compliance
Ingram Content Group UK Ltd.
Pitfield, Milton Keynes, MK11 3LW, UK
UKHW021010200726
13857UKWH00004B/1377

9 782013 083690